U0199654

守护雨林

守护海南长臂猿和人类共同的家园

Yuanyuan's Hainan Gibbon Stories

元元说猿
漫话海南长臂猿

跨越千年揭秘雨林精灵

纵横古今开启人猿对话

林柳　汪继超　吴红云　张佳琦　著

华中科技大学出版社
http://press.hust.edu.cn

中国·武汉

内 容 简 介

本书通过精美的插图和生动的叙述，带领读者深入了解中国独有的濒危物种——海南长臂猿，亲近这些"高瞻远瞩"的树冠居民。本书以故事性的叙述，引领读者观察海南长臂猿的独特风采，从外貌到体态，展现它们的可爱与独特之处；穿越海南长臂猿的生命周期，从繁殖到养育，感受它们温馨的家庭生活；熟悉海南长臂猿的植食习惯，从水果到嫩芽，揭示它们丰富多样的饮食……本书在呈现这些雨林精灵的精彩世界的同时，也揭示了它们面临的生存威胁，以及人们为保护它们所付出的努力。本书不仅是对海南长臂猿的生态描绘，更是一次关于生物多样性保护的教育之旅。

图书在版编目（CIP）数据

元元说猿：漫话海南长臂猿 / 林柳等著 . -- 武汉：华中科技大学出版社，2024. 11.
ISBN 978-7-5772 -0465-9

Ⅰ . Q959.848-64

中国国家版本馆 CIP 数据核字第 20247CN326 号

元元说猿：漫话海南长臂猿　　　　　　　　　　　林柳　汪继超　吴红云　张佳琦　著
Yuanyuan Shuo Yuan: Manhua Hainan Changbiyuan

项目总策划：李 欢
策 划 编 辑：胡弘扬 项 薇
责 任 编 辑：贺翠翠
封 面 设 计：琥珀视觉
责 任 校 对：刘 竣
责 任 监 印：周治超
出 版 发 行：华中科技大学出版社（中国·武汉）　　电话：（027）81321913
　　　　　　武汉市东湖新技术开发区华工科技园　邮编：430223
录　　　排：华中科技大学惠友文印中心
印　　　刷：湖北新华印务有限公司
开　　　本：787mm×1092mm　1/16
印　　　张：7.5
字　　　数：173 千字
版　　　次：2024 年 11 月第 1 版第 1 次印刷
定　　　价：98.00 元

序言一

　　气候变化、生物多样性丧失、环境污染是当前人类社会面临的三大挑战。这些方面存在的问题不仅威胁着人类的生存环境，也给整个地球生态系统造成了巨大的威胁。

　　为了应对这些挑战，国际社会已经采取了一系列的举措，包括制定《联合国气候变化框架公约》和《生物多样性公约》，旨在协调全球范围内的行动来减缓气候变化并保护生物多样性。在 2022 年的《生物多样性公约》第十五次缔约方大会上通过的"昆明 - 蒙特利尔全球生物多样性框架"中，190 多个国家和地区承诺到 2030 年保护 30% 被认为对生物多样性至关重要的陆地和海洋，为全球生物多样性保护确立了更加明确的目标和路线图。

　　中国作为全球最大的发展中国家，也积极行动了起来。在生态保护方面，中国正在从参与者、贡献者、追赶者变成引领者之一。习近平总书记提出了生态文明思想，并提出我国力争于 2030 年前实现"碳达峰"，努力争取在 2060 年前实现"碳中和"，中国的"双碳"目标是中国在应对全球气候变化方面对全世界作出的重大政策宣示。

　　在生物多样性保护和国家公园建设方面，中国也取得了重要进展。中国设立了三江源、大熊猫、东北虎豹、海南热带雨林、武夷山首批 5 个国家公园，保护面积达 23 万平方千米，涵盖近 30% 的陆域国家重点保护野生动植物种类；同时，印发了《国家公园空间布局方案》，遴选出 49 个国家公园候选区，直接涉及省份 28 个，涉及现有自然保护地 700 多个，保护了超 80% 的国家重点保护野生动植物物种及其栖息地。

　　2022 年 4 月，习近平总书记来到海南热带雨林国家公园考察，强调海南要坚持生态立省不动摇，把生态文明建设作为重中之重，对热带雨林实行严格保护，实现生态保护、绿色发展、民生改善相统一；要跳出海南看这项工作，视之为"国之大者"，充分认识其对国家的战略意义，再接再厉把这项工作抓实抓好；强调海南热带雨林国家公园是国宝，是水库、粮库、钱库，更是碳库，要充分认识其对国家的战略意义，努力结出累累硕果。

　　海南虽然是较晚开展国家公园试点的省份，但是发展较快，海南热带雨林国家公园是习近平总书记亲自宣布的首批国家公园之一。海南国家公园研究院立足于为国家公园建设提供科技和智库支撑，目前已经积极努力做了许多工作，取得了较显著的成绩。如针对濒危动物海南长臂猿保护的《海南长臂猿保护案例》在法国第七届世界自然保护大会上发布，并在《生物多样性公约》第十五次缔约方大会上做了"中国智慧、海南经验、霸王岭模式：基于自然的生物多样性保护——海南长臂猿保护案例"专题报告，引起了国际社会的高度关注和赞扬，被国际社会誉为珍稀物种保护的中国智慧并建议向全球推广；又如，开展生物多样性保护和生物多样性关键区域（KBAs）研究，2022 年与海南热带雨林国家公园管理局共同发布《海南热带雨林国家公园优先保护物种名录》，为全面开展热带雨林生物多样性保护和研究奠定了基础；再如，开展绿色名录等研究，为高质量建设海南热带雨林国家公园提供参考。

　　2018 年 4 月 13 日，习近平总书记在庆祝海南建省办经济特区 30 周年大会上发表重要讲话，支持海南建设中国特色自由贸易港，着力打造全面深化改革开放试验区、国家生态文明试验区、国际旅游消费中心、国家重大战略服务保障区。正是在这样的背景下，海南国家公园研究院编写了以国家公园和生物多样性保护为主题的系列科普丛书。我们希望通过这套丛书，向公众普及环保知识，激发人们对保护自然的关注和参与。同时，我们也希望借助这些书籍，让更多人了解中国在生态文明建设方面的努力和成就，为构建人与自然和谐共生的美好未来贡献力量。

　　海南国家公园研究院在国家公园建设中不仅提供科技支撑，同时作为智库，致力于普及科学知识与提升公众的科学素养。希望通过阅读这一系列的科普读物，大家能有所收获并且能积极行动起来，为国家公园建设和生物多样性保护事业贡献一份力量，让人与自然和谐共生的美好画卷率先在海南实现，让我们的地球变得更加美丽，让生态保护的成果惠及全人类！

世界自然保护联盟原总裁兼理事会主席

174—177 届联合国教科文组织执行理事会主席　　**章新胜**

海南国家公园研究院资深专家

序言二

　　科学普及是一座桥梁，连接着知识的源泉与广大民众。习近平总书记高度重视科学普及工作，多次强调"科学普及是实现创新发展的重要基础性工作""科技创新、科学普及是实现创新发展的两翼，要把科学普及放在与科技创新同等重要的位置"。党的二十大将科普教育作为生态文明建设的一个重要组成部分；《关于新时代进一步加强科学技术普及工作的意见》明确提出"推动科普全面融入经济、政治、文化、社会、生态文明建设"。这明确了科普工作的历史使命和时代要求，为新时代科普高质量发展指明了方向。

　　作为科学普及的重要载体和路径，科普教育的重要性不言而喻。它承载着知识传播的作用，更是文明程度提升、科技发展的基石。此外，科普教育对国民素质的提升至关重要。它不仅让人们了解科学知识，更培养了批判性思维、创新能力和科学探索精神。随着生态文明建设的大力推进，国家公园的科普教育工作受到越来越多的关注。

　　海南热带雨林国家公园内分布有我国最集中、类型最多样、连片面积最大、保存最完好的大陆性热带雨林，蕴含着丰富的生态系统和生物多样性资源，是一个天然的博物馆，也是一座宝贵的天然科普教育基地。它不仅具有重要的休憩和体验价值，更是一个蕴含了丰富知识和信息的宝藏。在这里，我们可以近距离感受到热带雨林的神秘和壮美。

　　海南热带雨林国家公园是生物多样性和遗传资源的宝库。已有的调查和研究显示，截至2023年，公园内分布有野生维管束植物4367种、野生脊椎动物651种，其中特有维管束植物419种、特有陆生脊椎动物23种。公园内分布有全球仅存的42只海南长臂猿，具有极高的保护价值，是海南乃至中国生物多样性保护的靓丽名片。海南热带雨林国家公园也是海南岛的生态安全屏障，具有重要的水源涵养、固碳释氧、土壤保持、气候调节和防灾减灾等功能。

习近平总书记视察海南时强调："热带雨林国家公园是国宝，是水库、粮库、钱库，更是碳库。"

海南国家公园研究院是国家公园的智库支撑，长期致力于研究这一"国之大者"，运用自身的知识和技术优势，积极推动科普教育。本套丛书通过通俗易懂的语言，将海南热带雨林丰富的自然景观和生态价值讲述给更多的人听，让更多人领略到热带雨林生态系统的壮美，提升公众的民族自豪感和国家认同感，让公众与这片具有国家代表性的自然保护地建立紧密的联系。

让我们一起探索海南热带雨林的奥秘，共同了解、关注、参与保护这片自然奇迹！让科学知识走进千家万户，让每个人都成为科学的传播者和科普的受益者。

中国工程院院士　**杨志峰**

前言

亲爱的读者朋友：

　　您好！

　　国家公园是我国最重要的自然生态空间，是自然生态系统中最重要、自然景观最独特、自然遗产最精华、生物多样性最富集的部分，极具保护价值。我国实行国家公园体制，是推进自然生态保护、建设美丽中国、促进人与自然和谐共生的一项重要举措。

　　位于海南岛中部的海南热带雨林国家公园，是我国首批设立的五个国家公园之一，这里拥有我国分布最集中、类型最多样、保存最完好、连片面积最大的大陆性岛屿型热带雨林，拥有海南、中国乃至世界独有的动植物及种质基因库，是"水库""粮库""钱库"，更是"碳库"，也是多种珍稀濒危动植物的庇护所，被世界自然保护联盟 (IUCN) 物种红色名录列为极危 (CR) 的国家一级保护野生动物海南长臂猿就生活在这里。可以说，海南热带雨林国家公园是一个天然的"博物馆"，是国宝。

　　为了让大家更好地认识海南热带雨林国家公园这个国宝，提升大家的生态环保意识和科学素养，进而让大家参与到保护海南热带雨林的行动当中，最终实现生态保护、绿色发展和民生改善相统一，在中共海南省委宣传部、海南省旅游和文化广电体育厅、海南省科学技术协会的亲切关怀和悉心指导下，海南省林业局（海南热带雨林国家公园管理局）、海南省教育厅、共青团海南省委、海南省文学艺术界联合会、联合国教科文组织 (UNESCO) 驻华代表处和海南国家公园研究院共同主办为期五年的"助力双碳目标，保护热带雨林"科普教育系列活动。本次我们委托华南师范大学和海南师范大学专业团队编写科普读物《海南热带雨林国家公园》和《元元说猿：漫话海南长臂猿》，便是该系列活动的一部分。

本套丛书的定位是轻科普，不仅注重知识的科学性、准确性，更注重趣味性和可读性，旨在向全年龄段人群普及国家公园和生物多样性保护的知识。无论读者是小学生、大学生、职场人士，还是退休的老年朋友，这套丛书都将为读者提供有趣、易懂的科学知识。

海南热带雨林国家公园的珍稀物种、自然景观和人文历史相辅相成，共同构成了一幅美丽的画卷。我们深知科学知识的普及对于推动生物多样性和国家公园保护、提升大众的自然和人文素养具有重要作用，因此，我们精心设计了这套书籍，力求用简洁易懂的语言和生动有趣的插图，深入浅出地为读者讲解海南长臂猿等生物多样性保护和国家公园建设的重要价值和意义。

之后，我们将逐步推出更多专业性与趣味性相融合的书籍。无论是对环境保护事业感兴趣的普通读者，还是对生态学、环境科学等专业领域有所涉猎的专家学者，我们都将力求提供丰富多样的内容，满足不同读者的需求。

海南热带雨林国家公园，作为一个天然博物馆，将成为我们探索的起点。这里不仅具有很高的观赏价值，更是一个充满学习和探索机会的地方。我们将带您一起走进这片宝藏之地，探寻其中的奥秘。

在本套丛书的编写过程中，我们得到了海南热带雨林国家公园管理局各分局、五指山市人民政府，以及琼中、白沙、东方、陵水、昌江、乐东、保亭、万宁各市县提供的帮助；得到了国家社会科学基金项目"知识转移促进自然保护地生态产品价值实现的机制研究"（批准号：23BJY141）给予的理论和智力支撑；得到了联合国教科文组织东亚地区办事处、中国青少年发展基金会、梅赛德斯-奔驰星愿基金以及海南绿岛热带雨林公益基金会的支持。在此谨向各支持单位和个人表示衷心感谢。

我们希望通过本套系列丛书的推出，唤起更多人对海南长臂猿等生物多样性保护和国家公园建设的关注，推动更多人士参与到人与自然和谐共生的行动中来。由于编写水平和时间有限，书中难免有不足和疏漏之处，欢迎广大读者对这套丛书提出宝贵建议，使我们能够不断提高和完善。

让我们携手努力，共同创造一个更加美好的地球家园！

海南国家公园研究院
执行院长 教授　　　汤炎非

编者的话

海南长臂猿是我国特有的一种长臂猿，截至2024年6月仅存42只，是世界上最为濒危的灵长类物种，栖息于海南岛中部的热带低地雨林和山地雨林中。受人类活动的影响，海南长臂猿一度濒危到只有7～9只。自20世纪80年代以来，中国政府投入大量人力和物力，采取停止砍伐森林，设立省级、国家级保护区，严格保护栖息地等多种有效措施，邀请国内外专家一起调查研究海南长臂猿，共同推进海南长臂猿的保护。2019年，海南热带雨林国家公园开始体制试点，2021年正式成立，海南长臂猿作为旗舰物种受到高度关注。海南国家公园研究院组织国内外顶级专家撰写了《海南长臂猿保护案例》，并在第七届世界自然保护大会上发布，还制定了《海南长臂猿种群保护与恢复行动计划》。近年来，海南长臂猿种群实现了持续增长，这一保护经验被称为"中国智慧、海南经验、霸王岭模式"，这是一个令人振奋的消息。

IUCN SSC（世界自然保护联盟物种存续委员会）2019年至2020年濒危物种红色名录显示，全球20种长臂猿中，19种的种群数量在减少，海南长臂猿是唯一数量持续缓慢增长的物种。由于数量极其稀少，加之特殊的生活习性，人们对海南长臂猿的了解极其有限。为了推动全社会对海南长臂猿的认知与保护，我们收集整理、梳理提炼现有的海南长臂猿相关研究进展，结合国内外关于长臂猿保护的信息，编写了这本海南长臂猿的科普读本。本书内容涵盖海南长臂猿的生活环境、形态特征、行为习性、家庭关系、进化起源等方面。为提高本书的可读性，编者采用拟人修辞方式，虚构了一只雌性海南长臂猿，并赋予其"元元"的名字。"元元"的名字取自"猿猿"的谐音，元也有"初始"之意。本书将通过元元的叙述将海南长臂猿零散的信息串联成完整的内容。

郭耕、彭婧玥、王芃、谢祯子、范朋飞、赵磊、齐旭明参与了本书的编写工作，孙英宝、刘东、叶炜、孙逸飞、林兆茵、王崧然为本书提供了自然手绘图，王韧负责本书的平面设计。海南国家公园研究院、联合国教科文组织、中国青少年发展基金会、梅赛德斯-奔驰星愿基金、热带岛屿生态学教育部重点实验室、海南师范大学生态学省级重点学科、海南省动物学会为本书的编写提供了资金资助。蒋学龙、宿兵、李超荣、江明喜、周亚东、罗益奎、卢刚、刘婧姝、李梦瑶、巫嘉伟、陈玉凯、杨灿朝、张凯等多位顾问专家为本书提出了许多中肯的意见和建议，李文永、卢刚、王同亮、赵龙辉、翟晓飞、李天平、孟志军、王韧、周照骊、洪小江、程玉、刘惠宁（中国香港）、麦智锋（中国香港）、Graham Reels（英国）、香港嘉道理农场暨植物园等保护工作者、环保组织和摄影爱好者为本书提供了珍贵照片和音频，在此一并致以诚挚的谢意。本书承载着我们对海南长臂猿复壮之旅最美好的祝愿，我们真诚希望本书在提高公众对海南长臂猿及其保护的认知、引起全社会对人类发展和自然关系的反思方面起到促进作用。

受编写时间和水平所限，书中难免存在错漏之处，敬请读者批评指正。

编写组
2024 年 7 月

谨以此书向所有关心和参与
海南长臂猿保护的人们
致以崇高的敬意!

Yuanyuan's Hainan Gibbon Stories
元元说猿
漫话海南长臂猿

目 录
Contents

元元小档案 /002
Introduction

第一篇　雨林秘境，我们的家 /005
Chapter 1　Rainforest, Our Home

海岛绿心 Green Pulse /006
仙境迷踪 Lost in Wonderland /010
万物家园 Haven for Wildlife /016

第二篇　雨林精灵知多少？/019
Chapter 2　How Much Do You
Know About Hainan Gibbon?

"雨林歌唱家" "A Rainforest Singer" /020
一衣两变 Colour Change /022
猿的一生 Life Cycle /023
相亲相爱的一家人 A Loving Family /024
"山林飞行猿" "Flying Gibbon" /026
树上常住民 Living on the Trees /028
健康美食家 A Healthy Food Lover /030
雨季旱季长臂猿的食物 Food for Gibbons in the
Rainy and Dry Seasons/0

第三篇　长臂猿的生态价值 /035
Chapter 3　Gibbons' Values

种子传播 Dispersing Seeds /036
涵养水源 Conserving Water /038
缓解气候变化 Mitigating Climate Change /040
撑起生命之伞 Umbrella for Other Species /042

第四篇　寻根溯"猿" /045
Chapter 4　Tracing the Roo
of Gibbon Family

"猿"自何方？Origins of Hainan Gibbon? /046
灵长类进化树 Primates Evolutionary Tree /048
猿猴之分 Gibbons vs Monkeys /050

第五篇　长臂猿史话 /053
Chapter 5　Gibbon History in China

中华文化与艺术中的长臂猿 Gibbons in Chinese Culture and Arts /054
中国长臂猿之殇 The Fall of Gibbons in China /058
海南长臂猿的自然博物史 The Natural History of Hainan Gibbon /062
海南长臂猿的兴衰 The Population Collapse of Hainan Gibbon /065
中国长臂猿现状 Remaining Gibbons in China /070

第六篇　转折　海南长臂猿保护人与事 /073
Chapter 6　Turning Points:Hainan Gibbon Conservation Stories

长臂猿爷爷 Gibbon's Grandpa /074
海南长臂猿监测队 Hainan Gibbon Monitoring Team /076
八方助猿 Joint Conservation Efforts /078
海南长臂猿保护大事纪 Hainan Gibbon Conservation
　　　　　　　　Milestones /080

第七篇　希望　海南长臂猿的明天 /083
Chapter 7　With Hope:
The Future of Hainan Gibbon

附录　世界长臂猿一览 /089
Appendix　List of Gibbons in
the World

参考文献 /101
References

开启探索之旅

元元小档案
Introduction

大家好！我是"元元"，一只海南长臂猿！

看我金色的毛发和长相，经常有人会把我误认为是金丝猴，

我们确实长得有点像，但是我其实是猿，不是猴。

长臂猿是小型的类人猿。我们和大猩猩一样都是人类的近亲，

人类有时将大猩猩称为大猿，把我们则称为小猿，

毕竟我们是类人猿中体型最小的。

全世界长臂猿有20种，都分布于亚洲。海南长臂猿是其中的一种，

目前，我们只在海南岛的热带雨林国家公园里生活。

我们海南长臂猿的数量非常稀少，最少的时候只有几只。

在动物保护学家的眼里，我们比大熊猫还要珍贵，

因此人类称我们是"21世纪最有可能灭绝的灵长类"。

在中国，也有其他濒临灭绝的动物通过人类的帮助避免了灭绝，

比如：大熊猫、麋鹿和朱鹮。

但对我们海南长臂猿，人类没有用人工饲养繁殖（迁地保护）

这种保护其他珍稀动物的方法来帮助我们，

而是决定把我们所在的热带雨林整体保护起来（就地保护），

希望我们海南长臂猿在修复好的家园里，

通过我们自身的能力繁衍生息，重振种群。

当然，我们也没有让人类失望，

这几年我们的数量稳步增长，在2024年终于增长到42只。

在全世界20种长臂猿中我们是唯一数量不减反增的物种，

但我们依然在灭绝的边缘徘徊。

为了让更多的人了解我们，知道保护我们的意义，

我们的人类好朋友编写了这本书。

就让我带领大家走进海南长臂猿的世界吧！

年龄：9岁　　性别：雌性
姓名：元元（"猿猿"）
家庭住址：海南热带雨林国家公园
饮食喜好：大多数时间是素食，喜欢各种多汁鲜美的水果、花苞和嫩叶，偶尔补充动物蛋白质。
特长：在林间荡行、唱歌

IUCN（世界自然保护联盟）
物种红色名录 / 濒危等级和标准

IUCN 根据濒危物种红色名录，把物种划分为以下几个等级：

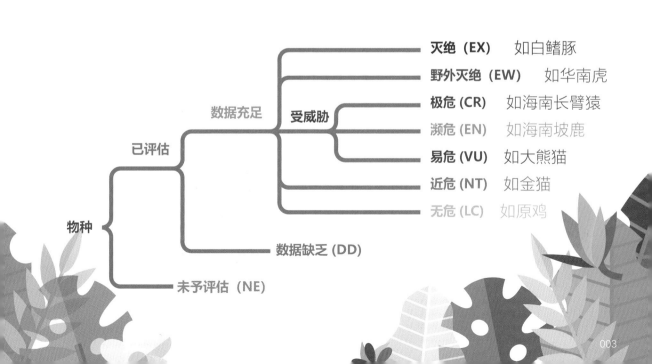

- 灭绝（EX）　如白鱀豚
- 野外灭绝（EW）　如华南虎
- 极危（CR）　如海南长臂猿
- 濒危（EN）　如海南坡鹿
- 易危（VU）　如大熊猫
- 近危（NT）　如金猫
- 无危（LC）　如原鸡

受威胁
数据充足
已评估
数据缺乏（DD）
物种
未予评估（NE）

第一篇

雨林秘境，我们的家

Rainforest, Our Home

在中国南端最大的岛屿上，
有一片温暖湿润的热带雨林，
我们海南长臂猿，
就居住在这片雨林中。

海岛绿心
Green Pulse

展开一幅中国地图，一直往南到大陆的尽头，你会看到一个鸭梨状的岛屿，它的名字叫作海南岛，是海南长臂猿唯一生活的地方。海南岛位于北回归线以南，在地球热带区域的北缘，热带季风的吹拂带来丰沛的水汽。海南岛中部潮湿、高温的气候孕育了一片中国分布最集中、保存最完好、连片面积最大的热带雨林。

海南热带雨林国家公园跨五指山、琼中、白沙、昌江、东方、保亭、陵水、乐东、万宁 9 个市县，占海南岛整个陆地面积的七分之一。由于它正好位于海南岛的中部，就好像是一颗怦怦跳动的绿色心脏，于是，人们给了海南热带雨林国家公园一个美丽的别名——"海岛绿心"。

俄贤岭万顷碧波

　　海南热带雨林国家公园将尖峰岭、霸王岭、五指山、鹦哥岭、黎母山、吊罗山等以前分散的多个保护区连成一体。人们常用"雨林秘境"来形容国家公园内令人叹为观止的自然奇景。自西向东，山海相连、峰峦叠嶂、无边林海、万顷碧波、溪流密布。清晨，山林云雾蒸腾、百鸟鸣唱；夜间，蝉鸣蛙叫、溪水潺潺，萤火虫在林间飞舞闪烁。

尖峰岭的壮美日出

霸王岭神秘幽深

仙境迷踪
Lost in Wonderland

来到海南岛，走进热带雨林国家公园，离见到我们海南长臂猿就不远了。只是，要觅得我们真正的栖身之所，你们还要费点功夫。

在霸王岭东部的一片雨林里，穿过盘根错节的老树新枝，藤蔓羽叶遮天蔽日的低地雨林，避开蚂蟥和毒蛇的攻击，来到山腰略微明亮之所，你会看到高大树木相互毗连、各种形似鸟巢的蕨类和兰花在枝桠间附生 。

这里蝴蝶飞舞、鸟儿欢唱、百果飘香，小动物忙着觅食和嬉戏，这里就是我们海南长臂猿繁衍生息的地方。

雨林奇观

在热带雨林国家公园内，你能在路边看见老茎生花、独木成林、滴水叶尖、植物绞杀、根抱石、板根、附生植物、空中花园等奇特而美丽的景观。

我的祖辈和许多海南特有动植物一起生活在这仙境中，和海南黎族、苗族世代相伴。

海南疣螈

金斑喙凤蝶

万物家园
Haven for Wildlife

海南坡鹿

海南长臂猿

大泛树蛙

红蹼树蛙

火焰兰

霸王岭睑虎

海南柳莺

海南苏铁　丽拟丝螅

海南山鹛鸫　丽棘蜥

山瑞鳖　紫灰锦蛇

美花兰

海南睑虎

海南孔雀雉

热带雨林是地球上动植物多样性最丰富的地方，不仅是我们长臂猿的家园，也为各种动物提供食物和栖息场所。

海南油杉

坡垒

017

第二篇

雨林精灵知多少？

How Much Do You Know About Hainan Gibbon?

在海南热带雨林所有的珍禽异兽里，
海南长臂猿是最引人瞩目的。
除了数量极为稀少、和人类关系特殊这两点原因，
但凡见过的人都会对我们念念不忘。
我们外形出众、歌声优美，
喜欢在高大乔木最浓密的部分穿梭，行动如飞，
饿了吃野果、渴了喝露水，
家庭关系和人类在很多方面也很类似。
人类给我们起了个美称"雨林精灵"。
可惜，真正见过我们的人很少，
了解我们的人更加寥寥无几。
现在就跟着我深入雨林，一探究竟吧！

"oooo~~eee"

"雨林歌唱家"
"A Rainforest Singer"

"未见其影，先闻其声"，
这种说法放在我们身上正合适。
我们是有名的"雨林歌唱家"，
见过我们的人往往是先听到我们的歌声，
然后才循声觅到我们的身影。
来！屏住呼吸，竖起耳朵。
听！听到我们清亮高亢的歌声了吗？
是不是如天籁一样悦耳动听？

海南长臂猿
的歌声

我们习惯日出而作、日落而息的自然作息规律。
每天天蒙蒙亮的时候，我们就开始练声了。
所以你们最好在日出之前进山，
安静地坐等我们的家族合唱音乐会开始。

首先，家族首领，也就是长臂猿爸爸开始领唱，
引吭高歌 "oooo——wee"，
他的歌声清亮而悠远，好听极了。
接着，妈妈用歌声回应爸爸，
然后就是其他小辈一起加入，开始 10 ～ 15
分钟的大合唱，
高兴的时候爸爸会在一旁晃动树枝来助兴。

我们家族大合唱高亢洪亮，
附近村里的人每天都能听到。
我们也借此宣誓领地，
我们有时也会在警示或者遇到心仪对象的时候
发出鸣叫。
据听过其他不同种长臂猿鸣叫声的人说，
我们海南长臂猿的声音是最动听的。

一衣两变
Colour Change

当你循着歌声，找到我们的时候，一定会被我们的外表所惊艳！
准确地说，应该是被我们考究的着装所惊艳。
海南长臂猿是冠长臂猿属的一支，"冠"就是帽子的意思。
我们成年以后，不分雌雄，统一头戴一顶黑色"小礼帽"。

刚出生时我们软萌可爱，身披金黄色的软毛，仅在额头有一
小撮黑毛，长到两个月左右时，金黄色的毛开始逐步变成
黑色，无论雌雄，无一例外，这个尴尬的过程大约要持续
到一岁。所以，我们小时候雌雄不分，貌不惊人。
一旦我们成年，模样就大变了。
着装开始严格遵循"雌雄有别"的原则：
雄猿一身笔挺锃亮的黑衣礼服，
雌猿一袭金黄夺目的外套。

第 7 阶段

老年期 30 岁后

毛色暗淡，
雌性以灰黄色为主，
但头顶、后背、胸口、手臂
和关节处都会变成黑色。

第 6 阶段

成年期 8 ～ 30 岁

离开家族
建立自己的领地，
寻找配偶、孕育后代。
雌性一般 7 ～ 8 岁离家，
雄性稍微晚一些。

第 5 阶段

青少年期 4 ～ 7 岁

独立活动，雌性除头顶外，
身体毛色逐渐由黑
变黄，直至成年完全
变成金黄色，雄性则
一直保持黑色不变。

第 **1** 阶段

生命孕育

母猿产子，妊娠周期为
七个月左右，两年一胎。
刚出生的婴猿浑身金黄色，
仅在额头有一撮黑毛，
此时完全依赖母亲。

据说，在野外，我们能活到三十多岁。
可也有人类根据动物园饲养的长臂猿推断，我们可以活到四十岁。

我们和人类一样，会经历婴儿、幼儿、少年、青少年、成年、老年不同阶段。
一般八岁以后就成年了，成年以后的我们需要离开家，
单独去另外找一片适合自己的雨林"开枝散叶"。

猿的一生
Life Cycle

海南长臂猿
生命周期、行为、
毛色变化图

第 **2** 阶段

婴儿期 0 ～ 0.5 岁

长到两个月左右，
我们金黄色的毛开始
逐步变成黑色。

第 **3** 阶段

幼儿期 0.5 ～ 2 岁
半岁之后，我们的
毛色几乎全都变成了黑色。
一岁半后，我们开始
在妈妈的周围活动。

第 **4** 阶段

少年期 2~3 岁
基本独立活动，
但遇到危险还是会
依赖母亲，
体征开始逐步向
性成熟过渡。

023

作为人类的近亲，我们的家庭生活和成员关系与人类有很多相似之处。比如，我们和人类一样对家都非常地依恋，喜欢在固定的区域内活动，活动面积为 1～2 平方千米。在旱季，为了找寻足够的食物，我们必须扩大活动范围。

相亲相爱的
一家人
A Loving Family

和人类一样，在家族里面，孩子和妈妈的关系非常紧密，尤其是幼年时期，我们和妈妈形影不离，妈妈总是把小宝宝搂在胸前。在两年的时间里，妈妈会教我们如何选择栖息地、寻找与辨别食物、躲避危险等。

我们的家庭关系非常和谐，成员间互助互爱，很少争吵打斗，休息时经常互相梳理毛发。

爸爸和妈妈友爱互助，共同抚养孩子。

用餐时，我们也懂得分享和礼让，爸爸会让妈妈带着宝宝先吃，自己在一旁戒备，待妈妈和宝宝都吃饱喝足后才会去进食。

"山林飞行猿"
"Flying Gibbon"

近距离看我们，你会发现我们的个头并不高，一般40～50厘米，体重也很轻，一般是7～10千克。我们的身材纤细，手臂长度超过腿长，长臂猿的名字就是由此而来。

最关键的是，我们通过漫长的进化，拥有非常特别的球状腕关节，手掌和手臂能成任意角度，所以荡越和改变方向时我们根本不需要转动身体，非常省力和灵活。我们的手就像"钩子"，可以长时间悬挂，轻巧的体型让我们毫不费力地在树冠层间完成摆荡、大回环、托马斯全旋、空中转体等动作，各种高难度动作完全不在话下。人类给我们这种依靠双臂的交叉摆荡在树冠层活动的方式命名为"臂荡式"。我们一次摆臂就可以跳出3～5米的距离！这种运动方式是长臂猿独有的，其他灵长类都没办法像我们一样在树冠层间如此快速且敏捷地移动，行动如飞。

看看我们的手臂！

游戏互动

在平行梯上模仿海南长臂猿的荡臂动作，你可以行进多少距离？

树上常住民
Living on the Trees

"睡在树上、吃在树上、行走在树上"准确概括了我们的一生。

我们对树的选择很挑剔，通常只在高大树木冠层取食、移动和休息。

白天，我们在树丛间觅食、哺乳、梳理毛发、嬉戏玩耍；中午，我们集体在"午休树"的树枝上午睡。

日落时，我们会仔细选择高大挺拔、树冠宽阔、枝干粗壮且水平的大树作为当天晚上的"睡觉树"，如公孙锥、杏叶柯、白颜树等。选择高且直的树，可帮助我们抵御来自地面捕食者的攻击。

在树上生活，必须有一些绝活。

人如果整天坐在树枝上，屁股一定会磨出水泡，非常疼，但是我们不会。

常年栖息于树上的习惯已经让我们的屁股有了一层叫做"胼胝"（pián zhī）的坚硬耐磨的厚厚老茧。

有了胼胝的保护，无论我们在树上睡觉、休息多久，屁股一点都不疼。

我们在树上休息、睡觉的姿势五花八门：有时将膝盖缩到胸部，用长臂包裹身体安静休息；有时用手脚攀住树枝，仰面朝天或侧躺休息；幼猿或被妈妈怀抱，或枕在妈妈身上安然入睡。

游戏互动

下面找一个长凳，模拟我们休息睡觉的动作，挑战下自己，看能不能不掉下来。

健康美食家
A Healthy Food Lover

作为树栖动物，我们身姿必须轻盈。要想有轻盈的身姿，健康的食材和饮食习惯十分重要。我们几乎不下树活动，所以我们的一切饮食都要就地取材：渴了，我们喝树叶上的露水，有时用手从树洞里舀水喝；饿了，我们摘果子吃，也吃嫩叶。我们基本上是素食主义者，但也偶尔开一下荤，比如吃点白蚁、虫蛹、蜘蛛、鸟蛋来补充蛋白质。

我们最爱吃酸甜多汁的果子，比如野荔枝和各种榕果，我们脑子里有一张食物时空图，就是家园里每棵大果树的位置和开花结果时间，这样我们每年在它们开花结果的时候就能准时到达，大饱口福，省时又省力。我们珍惜食物，总是精心挑选喜欢的成熟果实，摘一个吃一个，细嚼慢咽，慢慢品尝。除榕树果实外，无论是柔软的浆果，还是坚硬的核果或其他野果子，我们和人类一样会"吐皮"。

一日食谱
Menu

主食：高山榕的果、秋枫、野荔枝。
辅食：黄桐的果和嫩叶、鸭脚木的果和嫩叶。
零食：白蚁、鸟蛋、蜘蛛。
饮品：叶面上的水珠或柘树洞里的雨水。

雨季旱季长臂猿的食物

Food for Gibbons in the Rainy and Dry Seasons

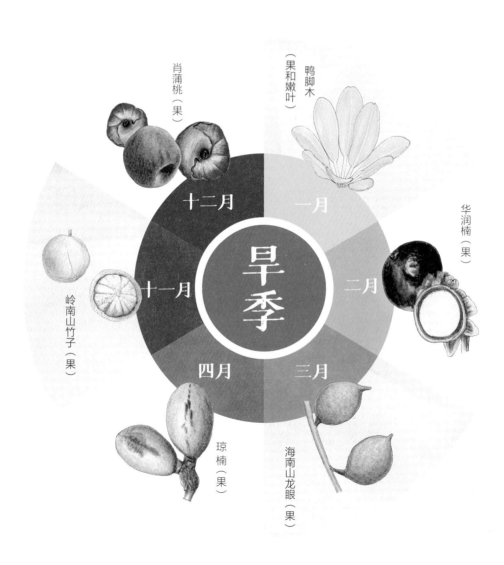

肖蒲桃（果）

鸭脚木（果和嫩叶）

华润楠（果）

岭南山竹子（果）

旱季

十二月

一月

十一月

二月

四月

三月

琼楠（果）

海南山龙眼（果）

海南岛没有明显的四季之分，但是受季风影响，不同月份降雨量会有不同。降雨较多的 5 月至 10 月称为雨季，11 月至翌年 4 月降雨量变少即为旱季。在旱季时大多落叶植物不会生长新叶，而是在旱季结束后才会长出新叶，一些蕨类植物也有着同样的生存策略。我们长臂猿会随着季节，适应性地选择不同食物。

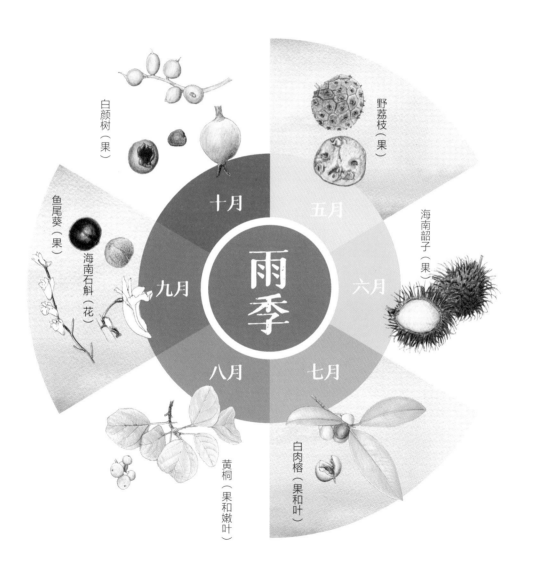

白颜树（果）

野荔枝（果）

海南韶子（果）

鱼尾葵（果）

海南石斛（花）

雨季

十月

五月

九月

六月

八月

七月

黄桐（果和嫩叶）

白肉榕（果和叶）

第三篇

长臂猿的
生态价值
Gibbons' Values

雨林里的每一种动物和植物都
以不为人尽知的方式相互联系依存。
我们都依赖雨林而生，
也同时为雨林做出我们的贡献，
我们的存在和雨林的健康息息相关。

种子传播 *Dispersing Seeds*

我们长臂猿最大的贡献是种子传播，尤其一些产大型种子的植物更是离不开我们。研究显示，一个长臂猿家庭每年可以在每平方千米土地上有效播种 1300 棵幼苗。如此可观的工作量，是我们感谢大自然母亲最好的方式。如果我们的数量减少或灭绝，那些依靠我们传播种子的植物也会面临生存压力甚至绝迹。大自然就是这样一个复杂的体系，我们和相伴相生的小伙伴一起默契地各司其职，共同维持整个雨林生态系统的稳定，周而复始，生生不息。

我们通常以家庭群为单位集体行动，几乎没有其他物种能比我们更加轻松地吃到长在高处的大果子。

咀嚼过的果肉在肠胃的蠕动和消化作用下，释放水分和营养，变成越来越小的残渣，只剩下种子"不肯服输"，原模原样地随着我们的粪便回到大地。

野猪等其他无法攀爬树木的生物，在树下进食植物掉落的果实。

　　我们长臂猿每次荡臂可荡行3～5米，一天下来，吃到肚子中的种子已经跟着我们"飞"到了几千米外，带着完好的遗传基因，来到另一片森林，远离了母株，也远离了曾经邻近的竞争植物。它将在新的土壤生根发芽。

　　蚂蚁、蜜蜂、蝙蝠、松鼠等其他小型动物们同样以自己特有的方式辅助雨林的植物繁殖，促进植被更新，但它们不能像我们一样大批量、高效率地帮助植物传播种子，尤其是大型植物种子。

我们每年辛勤地传播植物种子，如同在为大地储备新的遮雨伞。有了这些伞的保护，雨林就变成一块大海绵，雨水来了就努力地吸，缺水的季节就慷慨地挤。我们现在居住的海南热带雨林国家公园孕育了海南的三大河流——南渡江、昌化江、万泉河，是名副其实的"海南水塔"。除此之外，这里水网密布，有南尧河、七差河、南七河，还有雅加河、通天河、荣兔河、子宰河等许多的小河。可以说，我们间接帮助雨林涵养了水源，孕育了大江大河。

涵养水源
Conserving Water

大气云层

冷凝

蒸发

蒸发

人类居住地

海洋

雨林温度高，水分蒸发速度快，水汽凝结后降低了森林地区的大气压力，压力差产生的海风会将水汽带向森林地区。雨林是推动自然界水循环的生物泵。

降水

蒸发

雨林

小溪

雨林降雨丰沛，茂密的枝叶减缓雨速，减少雨水对土壤的冲刷，使得土壤和根系能更好地吸收储存水分，在旱季时候化作山泉，滋养河流。

涵养

地表径流

河流

植物根部

雨林盘根错节，庞大的植物根系在雨季时储存水分，在干旱时释放水分。

蒸发

下渗

水库

地下径流

缓解气候变化
Mitigating Climate Change

气候变化是人类面临的较头疼的问题之一，据说缓解气候变化最有效的办法就是恢复被毁坏的森林，利用树木吸收更多的二氧化碳。通过在林间荡行，我们可以帮助森林里的大型果树传播种子。如果我们的家族成员消失了，这项工作就没有其他动物可以替代完成了，那么这些大树就会大大减少，对二氧化碳的吸收能力会大大降低，无法调节由于人类活动排放大量二氧化碳等温室气体而不断加剧的温室效应。

雨林在碳循环中的作用

碳循环是一种有助于保持地球健康和平衡的自然过程。

大气中的二氧化碳

　　大气层中的温室气体（特别是二氧化碳，CO_2）吸收辐射能量，使得地球表面好像盖上一层温暖的毯子，适合人类居住。但近现代人类活动过度排放温室气体，导致原本应该逸散到太空中的热量留存在大气中，使得地球过热，引起一系列气候恶果，对地球上所有的生灵都构成巨大威胁。

CO_2

CO_2

植物的光合作用

CO_2

现代化生活

二氧化碳

阳光

氧气

植物的呼吸

城市

工厂

大规模的家畜禽牧养殖

村庄

CO_2

浮游生物的呼吸

浮游生物的光合作用

人为活动

矿质元素

水

海洋

CO_2

海洋生物群的呼吸

海洋物质沉积

溶解的二氧化碳

化石碳库

撑起生命之伞 Umbrella for Other Species

我们海南长臂猿是雨林生态健康的标志，我们只选择有连片的高大乔木和充足食物的地方，这也是其他雨林生物喜欢的生态环境。保护我们，保护我们栖息的家园，就好像撑起了一把巨大的保护伞，将和我们一起相伴相生的各种生物一并保护了起来。

巨松鼠

厚嘴绿鸠

海南长臂猿

黑眉拟啄木鸟

黄冠绿啄木鸟

金钗石斛

金斑喙凤蝶

高山榕为我们提供甘美的果实，垂下的须，是我们运动玩耍的好工具，粗大的枝干是我们最佳的休息场所。和我们共享高山榕的还有枝头飞舞的凤蝶，树冠跳跃的海南鼩鼹，林间出没的果子狸、海南山鹧鸪、大灵猫、鹦哥岭树蛙、霸王岭睑虎、中华穿山甲、水鹿等动物。万物相形以生，众生互惠而成，生命之网，就是如此循环往复，生生不息。

图中动物及植物名称（自上而下、自左而右）：

果子狸　黑喉噪鹛　海南山鹧鸪　杪椤　霸王岭睑虎　海南鼩鼹　鹦哥岭树蛙　白鹇　高山榕　巢蕨　中华穿山甲　银胸丝冠鸟　大灵猫　海芋　苔藓

第四篇

寻根溯"猿"
Tracing the Root of Gibbon Family

人们常常把我们和猴子混为一谈，
其实我们是一种小型的类人猿。
在进化的关系上，我们和人类的关系更为紧密。
古生物学家在云南元谋盆地发现距今 700 万年至 800 万年
的小型猿类化石，命名为元谋小猿，
是迄今发现的最早的长臂猿。
现存的长臂猿家族分为四大类二十种，
主要分布在亚洲的南部和东南部。
海南岛曾经和大陆多次离合，
海南长臂猿和我国广西、云南，以及越南等地的
长臂猿外形接近，
考古学家和古生物学家正在为
我们的起源不断搜集证据。

"猿" 自何方?
Origins of Hainan Gibbon?

我们的祖先应该是从大陆来到海南岛的。1992年底,考古学家在海南三亚落笔洞遗址的考古发掘中,发现了我们祖先的下颌骨及牙齿化石,证明我们在海南岛的定居时间至少有1万年。古生物学家推测,可能在晚更新世大理冰期(从7.5万年前开始,至1万年前结束)时期,由于全球变冷,海水结冰,海平面下降,海南岛与大陆相连,我们海南长臂猿的祖先通过陆桥迁徙到海南岛。此后随着冰期结束,海平面上升,海南岛又成为孤立岛屿,我们从此便留在这里独自生存繁衍。

冰期来临，全球变冷，海水结冰，海平面下降，海南岛与大陆相连，我们的祖先通过陆桥迁徙到海南岛。

三亚落笔洞遗址

灵长类进化树
Primates Evolutionary Tree

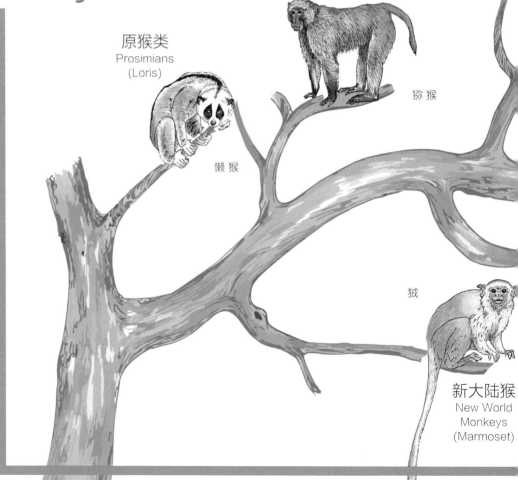

大型猿
Great Ape
(Oranguta

红猩猩

旧大陆猴
Old World Monkeys
(Rhesus Macaque)

原猴类
Prosimians
(Loris)

猕 猴

懒 猴

狨

新大陆猴
New World
Monkeys
(Marmoset)

大型猿
Great Apes
(Chimpanzee)

大型猿
Great Apes
(Gorilla)

黑猩猩

大猩猩

人类
Human
(Human)

人类

长臂猿

小型猿
Small Apes
(Gibbon)

　　人类一直想弄明白世界上所有生物是怎么来的？它们之间的关系如何？他们创造了物种分类的方法来解释，于是我们和人与猴子一起划进灵长类（Primates）。Primates 原意是"首要，第一等"，英语中的 Primary 和这个词是同源词。而传到东方之后，日本人将拉丁文的 Primates 翻译为灵长，就是"众灵之长"，即动物进化的最高点。

　　我们灵长类动物被认为是这个星球上最具智慧的一类物种，因为我们有向前看的眼睛，有高度灵活的手，有一个大小适中的大脑来判断高低远近，有良好的平衡感。旁边这张灵长类动物的进化树状图，将我们长臂猿和人类的亲缘关系一目了然地呈现出来。

　　现存的灵长类大致可以分为三大类：原猴、猴和猿。其中，猴可分为新大陆猴和旧大陆猴，猿可分为小型猿和大型猿，我们长臂猿是小型猿，而黑猩猩、大猩猩、红猩猩等属于大型猿。

猿 yuán

没有尾巴；

胳膊长于腿；

可在树枝上双臂上举，直立行走；

几乎只在树上生活；

生理、形态、行为接近人类，仪态端庄；

性成熟更晚，生殖间隔长。

猿猴之分
Gibbons
vs
Monkeys

约 2200 万～ 1700 万年前，

我们长臂猿的祖先和类人猿以及人类的祖先分开，

之后长臂猿逐渐分化，形成如今 4 个属，

即冠长臂猿属、长臂猿属、合趾长臂猿属和白眉长臂猿属。

从进化的时间来看，猴比我们更原始，

我们和人类关系更紧密。

看看区别，可别再把我们搞错了！

猴 hóu

有尾巴；
胳膊和腿长度相当；
四肢行走；
可在树枝、地面、山石等任意地方活动；
生理、形态、行为和人类区别大；
繁殖能力强，家庭群成员多。

第五篇

长臂猿史话

Gibbon History in China

中国是世界上为数不多的几个拥有关于
长臂猿丰富悠久文化和艺术历史记录的地方。
关于长臂猿的记录始于东周（公元前 770—公元前 256 年），
这个时期的长臂猿广泛地分布在中国各地的森林中，
甚至在黄河流域都有记录。
长臂猿曾经被视作"兽中君子"，
为皇家、贵族和士大夫们尊崇。
著名汉学家高罗佩先生著作《长臂猿考》
中有许多相关的证据。
然而随着人口的不断增多，人类对土地的需求不断增大，
我们的生存空间一步步压缩。
长江以北的长臂猿全数消亡，
长江以南的长臂猿数量也经历了断崖式的下降。

长臂猿广泛地出现在许多诗歌、艺术作品里，尤其在诗歌发展的鼎盛时期（汉朝至唐朝时期），出现了大量描述长臂猿优美鸣叫的诗句。诗人常用猿啼声象征游子背井离乡的孤寂感，如唐朝诗人杜甫《登高》云：

「风急天高猿啸哀，渚清沙白鸟飞回。」

白居易《琵琶行》云：

「其间旦暮闻何物？杜鹃啼血猿哀鸣。」

风急天高猿啸哀，渚清沙白鸟飞回。
无边落木萧萧下，不尽长江滚滚来。
万里悲秋常作客，百年多病独登台。
艰难苦恨繁霜鬓，潦倒新停浊酒杯。
杜甫七律登高一首 盂兰俊书

中华文化与艺术中的长臂猿

Gibbons in Chinese Culture and Arts

柳宗元

文人士大夫对我们猿的品格也相当尊崇。唐朝著名文学家柳宗元写了一篇骈文《憎王孙文》，文中将我们比作品德高尚的君子，将猴比作贼头贼脑的小人，让「美猿贬猴」观念广为流传。

明初文学家宋濂在《猿说》中写过一个哀伤的故事，说的是福建武平盛产长臂猿，其毛发像金丝一样闪闪发光。小猿更加奇特，其性情温驯，且从不离开母猿，然而母猿很聪明，难以接近。猎人为了抓到小猿，便在箭上涂毒射杀母猿。然后猎人用鞭子抽打母猿的皮，小猿哀叫着下树束手就擒。然而甚者抱着母猿的皮才能睡觉，被捕后小猿每天夜里要枕着母猿的皮翻腾而死。这个故事突出表现了长臂猿母子生死与共、骨肉情深的至情至爱。

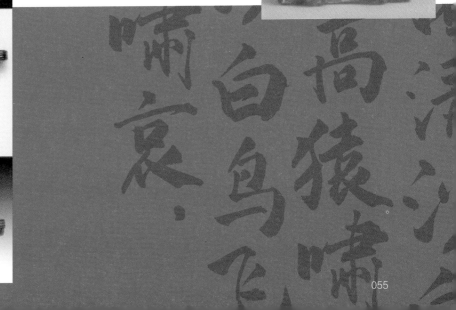

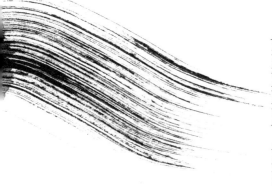

長臂猿形態的青銅銀制配件 東周後期

北宋文學家蘇軾被流放海南時，也曾看到過我們的蹤影，「柏家渡西日欲落，青山上下猿鳥樂」。

曾幾何時，我們海南長臂猿遍布全島，尤其是在晨起後或夜幕前發出的鳴叫悅耳動聽，在熱帶雨林裡此起彼伏，可惜我們的鳴叫再也聽不到多少回應了。

在中國文化中，我們與仙鶴齊名，備受尊崇，部分原因是我們嘹亮悠長的鳴叫聲，另外一種說法是我們細長的雙臂同仙鶴的長頸和長腿一樣可以讓我們吸入大量天地之精華，自然之靈氣。道家認為，宇宙萬物皆統一於氣，氣是維持生命和能量的基本物質，因此，我們長臂猿在中國歷史上被視為長壽動物，誤以為可活幾百年，甚至長生不死。

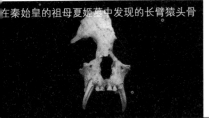

在秦始皇的祖母夏姬墓中發現的長臂猿頭骨

鎏金銀黃銅衣帶鉤 東周

黃銅衣帶鉤 西漢

北宋 易元吉《群猿拾果图》

自秦汉以来，人们便能在画像砖上看到小型灵长类动物的形象，但能从外形上确切辨别出长臂猿这一物种并作为专门的创作对象，却是在宋元以后，特别是北宋画家易元吉为了画猿，经年累月前往荆湖深山之中追寻长臂猿，留下了大量生动的作品，也兴起了猿猴画热。

明朝皇帝朱瞻基（明宣宗）画的《戏猿图》生动地描绘了猿的三口之家，母猿爱怜地抱幼猿在怀，调皮的幼猿左臂搂着母亲的脖子，右臂伸向父亲。而雄猿正攀缘在隔溪的树上，摘了一串果子，引逗幼猿。

明宣宗朱瞻基《戏猿图》

近代 张大千《老树灵猿图》

The Fall of
Gibbons in China
中国长臂猿
之殇

画作者：王崧然（13岁）

　　这幅画作表现的是唐朝著名诗人李白所描述的"两岸猿声啼不住，轻舟已过万重山"的美好画面，从侧面证明那个时候，我们长臂猿还在长江三峡沿岸有分布。但此后，随着人口增加、开发力度加大，尤其是长江两岸森林的砍伐，典型的树栖灵长类长臂猿逐渐失去赖以栖身的森林生态环境，人进林退，林退猿失。如今，我们只能从古人的诗句中领略当年"猿鸣茂林"的盛况了。

东周（公元前 770—公元前 256 年）时期，长臂猿广泛地分布在中国各地的森林中，甚至在黄河流域都有记录。

汉代（公元前 202—公元 220 年）以后，随着道路、桥梁的修建，村落的扩张，为了满足日益增长的人口对耕地的需求，人类把森林大面积改造为耕地，我们无辜地受到了牵连。到了汉代后期，我们长臂猿就只在三峡沿岸及长江以南人烟稀少的地区出现了。

到了北宋（960—1127 年）年间，我们就只能藏在深山老林中，成为人类难得一见的"仙客"了。曾经遥不可及的岭南、闽地、巴蜀、云南也逐渐成为人口迁移的新据点。相应地，人们对耕地的需求让森林的面积进一步压缩，而我们也在人类的活动中节节后退。

海南长臂猿的自然博物史

The Natural History of Hainan Gibbon

> 由于海南地处偏远，关于我们的详细系统记录很缺乏，

　　仅仅在**本岛琼州府、崖州、儋州等府志、州志、县志中**记载有猿。

> 最先对我们展开较为深入的科学观察和研究的是**随着商船而来**，

　　对**自然博物痴迷的一些传教士和商人。**

> 最先记录我们在海南岛上生存的是**法国传教士、汉学家杜赫德。**

　　1735 年，他在**《中华帝国全志》**中写道："**（海南）岛上产一种黑猿。**"

>1870 年，英国人斯温霍所著的**《中国哺乳动物名汇》**也讲到了我们。

>1892 年，英国动物学家**菲尔德·托马斯**赋予了我们**正式学名——海南长臂猿。**

>1897 年，另外一名英国人**德圣克罗瓦**购得一只幼小的**雌性长臂猿。**

　　饲养约六年后运往英国，于 1904 年**赠予伦敦动物园**，后来波可克用其作观察和科学试验，

　　并在 1905 年发表了一篇相当长的报告，成为后来研究我们海南长臂猿的**重要文献。**

>1907 年，**伦敦动物园**又获得了一只**雄性海南长臂猿，**

　　英国人威尔希用它和白眉长臂猿、白掌长臂猿、爪哇长臂猿和黑掌长臂猿做比较研究。

海南长臂猿最早的历史照片

在一张 1898 年 9 月拍摄于海口的照片中，一只名叫 Jacko 的长臂猿十分显眼。

怀抱这只长臂猿的海口海关员工克鲁斯出生在中国。

据推测，这只长臂猿极可能是海南长臂猿，

这张照片也极有可能是海南长臂猿最早的历史照片。

海南长臂猿的民间俗称

在本岛地方志中，

海南长臂猿曾以"猨""通臂猿"

"乌猿""石猿"等名称出现。

其中，"猨"是"猿"的古称，

"通臂"形容猿之臂长，

"石猿"指猿之小者，

"乌猿"则因成年雄猿通体黑色而名之。

20 世纪初叶，中国经历漫长的战乱，长臂猿数量急剧下降。据记载，1950 年以前，全国只剩少数偏远的地方还有长臂猿的存在，海南岛就是其中之一。在海南岛广袤的森林中，当时有超过 2000 只海南长臂猿。那个时候的雨林生长着种类繁多的树木果实，漫山遍野的野菜与菌菇，各种飞禽走兽在雨林中自由生活，繁衍生息。

我们和世居在此的雨林民族——黎族和苗族群众一起共享着大自然母亲的馈赠，他们熟知雨林土壤的特点，用轮耕的方式种植各类作物。这种耕作方式，既保持了水土，又激发了雨林的活力。这个时期的人类，是我们万千生灵中的一员，他们接受雨林母亲哺育，也用自己的方式感谢雨林母亲的馈赠。

海南长臂猿的兴衰
The Population Collapse of Hainan Gibbon

    茂密的雨林和湿热的气候孕育了独具特色的黎族和苗族文化传统和风俗习惯。传统民居船型屋，民族风味三色饭、山栏酒、鱼茶，传统服饰黎锦，纹面，蜡染，无一不是大自然的馈赠。

1950年以后，随着对木材的巨大需求，加上对自然和人类关系认知的局限，人们对雨林尽砍尽伐，无数的雨林生灵失去家园或被迫迁移。我们的数量急剧减少，锐减至 7～9 只。

大片树木不断被砍伐，低地雨林消失殆尽。

修建公路，用于运输采伐的大量木材。

新开垦大量农田，以满足不断增长的人口需求。

滥捕滥杀，海南长臂猿和其他
动物数量锐减。

砍伐树木，造成水土流失，灾害频发。

雨林内修建小水电站，阻断河流，淹没两岸植被，带来许多不良的生态后果。

我们长臂猿需要高大毗邻的乔木，才能在林间荡行，寻找食物和求偶，为了生存我们只能把家往高处搬。

人类大量种植橡胶树等人工林，从外表看上去它们和天然林地没有什么区别，但是很少有动物喜欢去里面玩耍和觅食，可以说是"绿色荒漠"。

人类长期过度地利用自然资源，带来了很多恶果，如水土流失、灾害频发。人类开始反省，1980 年，霸王岭成立了保护区，之后大规模的森林砍伐停止了。但是我们又面临新的困境，为了追求经济效益，人类开始大规模种树，只是他们种的是我们不喜欢的树，如橡胶树。我们是树栖动物，需要高大的植物提供果实、休息和运动场所，但这些种植的树既不能为我们提供食物和庇护所，又阻挡了我们迁移到其他地方。以前我们可以在整个雨林自由荡行，而现在我们只能囚禁在一小块林地里，虽然周围也都是树，但是我们好像生活在绿色的孤岛。这个现象被人类称作"栖息地破碎化"。

中国长臂猿现状
Remaining Gibbons in China

如今，中国仅存七种长臂猿，即海南长臂猿、东黑冠长臂猿、西黑冠长臂猿、北白颊长臂猿、白掌长臂猿、高黎贡白眉长臂猿和西白眉长臂猿。专家在野外已经有很多年没有见到北白颊长臂猿、白掌长臂猿的踪迹了，所以推测这两种长臂猿可能已经在中国灭绝，但是它们在临近的越南、老挝还有分布。如果人类再不做努力挽留我们，我们清亮的歌声就会永远消失在森林里了。

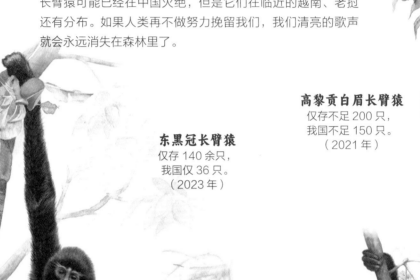

高黎贡白眉长臂猿
仅存不足 200 只，
我国不足 150 只。
（2021 年）

东黑冠长臂猿
仅存 140 余只，
我国仅 36 只。
（2023 年）

西黑冠长臂猿
仅存 1500 余只，
我国约有 1400 只。
（2023 年）

白掌长臂猿
推测野外灭绝。

海南长臂猿
仅42只。
（2024年）

北白颊长臂猿
推测野外灭绝。

西白眉长臂猿
无数据。

第六篇

转折
海南长臂猿
保护人与事

Turning Points: Hainan Gibbon Conservation Stories

海南长臂猿保护的故事从 20 世纪 70 年代开始，
从最初个人的呼吁和奔走，
再到政府成立保护区、扩大保护区面积、成立国家公园。
进入 21 世纪，全球都面临日益严重的环境问题，
气候变化、污染、自然资源枯竭给人类自身的
发展带来前所未有的挑战。
人类和自然、人类和其他生物之间应该是怎样的关系？
人类的发展是否应该以牺牲其他生物为代价？
人类是不是地球的主宰？
这些问题的答案越来越清晰。
我们的生活环境一天天得到改善，
家族成员数量逐渐增多。
这样的改变，
离不开所有参与守护我们的人做出的努力。

长臂猿爷爷
Gibbon's Grandpa

在海南提到长臂猿保护，绕不开被当地群众称为"长臂猿爷爷"的刘振河。1963 年，刘振河作为广东省昆虫研究所调查队的队员，来到海南岛开展野生动植物调查，他和调查队发现我们的数量已经从上千只锐减至个位数。刘振河心里非常着急，于是他给广东省政府写信，给中科院写信，向地方政府反映，发出保护海南长臂猿的声音，提出"必须建保护区，长臂猿的数量不能再少了"。他的想法得到了当时霸王岭林业部门的大力支持并采纳了他的建议，停止对原始林的砍伐，在砍光的荒山上重新造林，修复我们的家园。

刘振河老先生依然情牵海南长臂猿。

1980 年，霸王岭成立了自然保护区，对我们海南长臂猿的保护也正式开始。1984年，刘振河回到霸王岭，再次和我们朝夕相处，对我们进行长期监测。他对我们海南长臂猿的观察研究，让更多人了解和喜爱我们，我们也被列入《国家重点保护野生动物名录》。

海南长臂猿监测队
Hainan Gibbon Monitoring Team

1980 年，霸王岭自然保护区成立，曾经的伐木工人变成了护林员。他们在和保护专家长年累月的相处中，耳濡目染，不少成了动植物鉴别的"土专家"，逐渐成为监测和保护我们海南长臂猿的主要力量。2005 年，霸王岭保护区管理局成立海南长臂猿监测队。

每天清晨 4 点半，监测队员们就带上望远镜、笔记本、相机、镰刀等工具，起身前往监测点，静静等待着我们的歌声。天一破晓，当听到我们第一声鸣叫时，队员们便循着叫声一路追踪我们的位置，不时低头查看我们是否留下粪便和没啃完的果子，并在小册子上做好记录。这样的工作，一次上山就是两个星期，不少监测队员都伤痕累累，但是他们都乐在其中。

监测队员们坚持不懈地对我们的一举一动进行监测，朝朝暮暮、风雨无阻、不辞辛苦。他们的记录为许多研究我们的专家提供了第一手资料，让政府知道应怎么更好地保护我们。

八方助猿
Joint Conservation Efforts

　　2003年，海南省林业部门首次组织开展了海南长臂猿种群同步调查工作，我们的数量得到了确认，仅有两个家族群，共13只，数量岌岌可危。那一年，霸王岭国家级自然保护区举办了首届长臂猿物种保护规划会议，聚集了国内外长臂猿研究专家、保护区工作人员和地方政府部门管理者，确定了一系列威胁我们海南长臂猿数量恢复和增长的问题，并制订了保护我们的行动计划。当年我们又被《世界自然保护联盟濒危物种红色名录》列为极危物种。

在政府的大力支持和主导下，许多科研人员、社区保护专家和保护局管理人员一起走进保护区开展调查研究，和护林员一起吃、一起住、一起做监测，手把手教会护林员如何辨别动植物、如何做标本、如何收集数据、如何使用红外线相机。他们在保护区周围种植了很多我们喜欢吃的南酸枣、秋枫、榕树等结果植物，让我们从此不用为找寻食物发愁。他们为我们搭建绳桥，让我们不再被公路、低矮的林木、人类的居所阻隔，不再囚禁在一个个"绿色孤岛"上。通过绳桥，我们终于可以自由地去另一片林地寻找食物、玩耍、寻找配偶。他们还联合护林员一起在周边的黎族村落和苗族村落做宣传，帮助村民寻找替代生计，减少村民对雨林资源的依赖。他们走进学校，和孩子们讲我们的故事，告诉孩子们保护长臂猿就是保护自己的家园。

长臂猿利用绳桥

保护区建立苗圃，采集种子培育长臂猿爱吃的本土树种幼苗，已在 150 公顷的退化低海拔生境种植了超过 50 种、共 8 万多棵树苗，扩大长臂猿将来的生活空间。

保护区周边村落推广生态养蜂，以改善村民生计，减少村民对森林资源的依赖，降低对长臂猿及其栖息地的人为干扰。

海南长臂猿保护大事纪
Hainan Gibbon Conservation Milestones

20 世纪 70 年代末　海南长臂猿在霸王岭地区仅存 2 群 7～9 只。

1980 年　经广东省批准建立霸王岭省级自然保护区。

1988 年　霸王岭省级自然保护区升级为国家级自然保护区。

1989 年　海南长臂猿被列入《国家重点保护野生动物名录》，霸王岭的海南长臂猿共 4 群 21 只。

1994 年　海南省政府作出"禁伐天然林"的规定，禁止砍伐天然林，将伐木工人转产为护林员。

2000 年　中国正式实施"天然林资源保护工程"，并改善周边社区的生计。

2003 年　海南长臂猿种群同步调查，发现霸王岭海南长臂猿的数量为 13 只。同步调查后，政府陆续开展多种保护措施，在当地社区开展科普宣传，实施可持续农业。

2005 年　霸王岭保护区管理局成立海南长臂猿监测队。

2014 年　召开海南长臂猿保护国际研讨会，发布《2016—2020 年海南长臂猿保护行动计划》。会议期间，海南长臂猿分类问题也得到了解决：新的研究证实，海南长臂猿实际上是仅分布于海南的特有物种。

2015 年　世界自然保护联盟（IUCN）将每年 10 月 24 日设为国际长臂猿日，旨在引起社会各界对长臂猿的关注，号召社会力量联合起来，积极为保护长臂猿采取行动。

2019 年 海南热带雨林国家公园开始体制试点，管理局通过加强栖息地修复、生态搬迁、建设生态廊道等举措，对海南长臂猿的潜在栖息地进行更新、抚育，帮助其迁徙至更广袤的雨林。

海南省政府组建海南国家公园研究院，聚焦海南长臂猿保护。

2020 年 海南长臂猿保护国际研讨会在海口举行，会上发布《海南长臂猿保护行动计划框架》，提出海南长臂猿保护目标，成立国家林业和草原局海南长臂猿保护研究中心和海南长臂猿保护志愿者协会。

2021 年 海南热带雨林国家公园正式成立。

"海南长臂猿喜添婴猿 中国海口—法国马赛联合新闻发布会"在海口召开，共同发布了海南长臂猿喜添 2 只婴猿的喜讯和《海南长臂猿保护案例》。

海南国家公园研究院资深专家章新胜应邀在联合国《生物多样性公约》第十五次缔约方大会昆明会议上做了"中国智慧、海南经验、霸王岭模式：基于自然的生物多样性保护——海南长臂猿保护案例"的专题报告，在国际上产生了积极影响。

2022 年 国家公园核心保护区 11 个村 1885 人全部迁出。

全球长臂猿保护联盟（GGN）正式成立并授牌，GGN 首届秘书处设立于海南国家公园研究院。

2023 年 全球长臂猿保护联盟第一次合作伙伴大会在海口召开，国内外专家齐聚一堂，共商保护长臂猿长效机制。

6 月 21 日，海南长臂猿种群数量恢复至 6 群 37 只。

国家公园核心保护区需退出的 9 座小水电站已全部完成退出，需整改的 22 座小水电站中 17 座已完成整改。

编制完成《海南长臂猿种群保护与恢复行动计划》，提出了海南长臂猿 15 年数量翻番的目标及路线图，制定了海南长臂猿扩散生态廊道和栖息地修复的方案。

2024 年 海南长臂猿种群数量增长至 7 群 42 只。

第七篇

希望
海南长臂猿的明天

With Hope:
The Future of Hainan Gibbon

世界自然保护联盟物种存续委员会（IUCN SSC）
2019 年至 2020 年红色名录显示，
全球 20 种长臂猿中，
19 种的种群都在持续减少，
仅海南长臂猿种群数量呈现稳定持续增长。
中国保护海南长臂猿卓有成效，
让国内国际社会看到了长臂猿保护的希望。

中国智慧 海南经验 霸王岭模式

国内外专家将中国海南长臂猿保护的成功经验总结为四个方面：

一是政治意愿，政治决心，政府主导、综合治理，
包括将海南长臂猿和热带雨林保护主流化，提供法律保障，综合执法，
加大宣传教育，加大投入，加大保护力度等。
二是基于自然的解决方案。尊重科学，尊重人才。
三是开放合作、联合攻关，制订和落实保护行动计划，拯救海南长臂猿。
四是调动社会一切资源，社区参与，多方协同，形成合力。

这些经验是中国向世界贡献的生物多样性保护典型案例，被中外
专家视为珍稀物种保护的**"中国智慧、海南经验、霸王岭模式"。**

我们的家族成员在 2023 年增长到 37 只，2024 年已经增长到 42 只。全世界都好奇中国用了什么办法取得这样的保护成效，背后的秘密看似简单却又不简单：社区居民默契地为我们让出生存空间，把我们交给自然去修复，同时补栽本地树种，拆除人工设施，降低人为干扰，帮我们架起通往其他区域的绳桥，也重建我们和当地社区之间的良好联系。

　　此外，为了更好地观察和了解我们，人类还使用了很多高科技设备，实现自动抓取，从而能够更加完整地、清晰地、近距离地记录我们的各种行为和喜欢吃的食物，自动记录我们的歌声并实时回传。未来，通过 AI 技术，人类将为我们族群每个成员都建立唯一的"声音身份证"。

当人类重拾对自然的敬畏之心，尊重自然、顺应自然、保护自然，地球将是万物和谐共生的家园。等到那时，在无边林海、万顷碧波中，随处可见我们海南长臂猿的矫健身姿，日日可以听到我们嘹亮的猿啼声。雨林里，生命循环往复、生生不息，生命的脉动强壮有力，万物各司其职，人兽各安其位。黎族和苗族居民骄傲地带领远方的客人参观国家公园美丽的家，欣赏万千神奇的雨林奇观，赞叹天地钟灵之造化。让我们共同期盼多猿齐鸣的那一天。

通过生态搬迁，将国家公园核心保护区内的村庄都搬迁到公园外。

拆除公园内众多小水电站，使河道恢复自然状态。

搭建绳桥和生态廊道，帮助海南长臂猿在国家公园内自由行动、觅食和寻找配偶。

恢复了低海拔雨林植被，海南长臂猿回到原来的区域生活，数量逐年增多。

黎族和苗族居民成为国家公园的生态旅游向导，带领公众探秘雨林。

守护海南长臂猿
守护热带雨林
守护人类共同的家园

从随手可做的小事做起，为人类自己的未来，出一份力！

日常生活中

1. 减少不必要的浪费，生活从简。
2. 减少生活垃圾、提倡垃圾分类。
3. 购物自带购物袋。
4. 绿色出行，减少碳排放。

参加亲近自然的活动时

1. 选择环境友好型的生态旅游，不要擅入核心区。
2. 去户外参观时，只留下足迹和带走美好回忆。
3. 提倡观鸟，反对关鸟；提倡摄鸟，严禁射鸟。
4. 不投喂、不恫吓野生动物。
5. 不要随意放生，以免外来物种入侵。
6. 不要买卖和食用野生动物，没有买卖就没有伤害。
7. 严禁非法采集，不鼓励制作、购买野生动物标本。
8. 果断拆除诱捕动物的索套、夹子、笼网。
9. 不捡拾野鸟蛋、不攀折花草、不带走小动物、
   不把野生动物作为宠物饲养。

世界长臂猿一览

List of Gibbons in the World

1. 西白眉长臂猿

中文名：西白眉长臂猿
英文名：Western Hoolock Gibbon
拉丁名：*Hoolock hoolock*
ICUN 濒危等级：濒危
分布：孟加拉国、印度、缅甸、中国

♂
雄性

♀
雌性

2. 东白眉长臂猿

中文名：东白眉长臂猿
英文名：Eastern Hoolock Gibbon
拉丁名：*Hoolock leuconedys*
ICUN 濒危等级：易危
分布：印度、缅甸

♂
雄性

♀
雌性

3. 高黎贡白眉长臂猿

中文名：高黎贡白眉长臂猿
英文名：Gaoligong Hoolock Gibbon
拉丁名：*Hoolock tianxing*
ICUN 濒危等级：濒危
分布：中国、缅甸

♂
雄性

♀
雌性

4. 敏长臂猿

中文名：敏长臂猿
英文名：Agile Gibbon
拉丁名：*Hylobates agilis*
ICUN 濒危等级：濒危
分布：印度尼西亚、马来西亚、泰国

♂
雄性　　灰色型

♀
雌性

♂
雄性　　黑色型

♀
雌性

5. 白须长臂猿

中文名：白须长臂猿
英文名：Bornean White-bearded Gibbon
拉丁名：*Hylobates albibarbis*
ICUN 濒危等级：濒危
分布：印度尼西亚

♂　♀
雄性　雌性

6. 克氏长臂猿

中文名：克氏长臂猿
英文名：Kloss's Gibbon
拉丁名：*Hylobates klossii*
ICUN 濒危等级：濒危
分布：印度尼西亚

♂　♀
雄性　雌性

7. 白掌长臂猿

中文名：白掌长臂猿
英文名：White-handed Gibbon
拉丁名：*Hylobates lar*
ICUN 濒危等级：濒危
分布：马来西亚、泰国、中国、缅甸、老挝、印度尼西亚

雄性 黑色型 灰色型 原色型

雌性

（图为云南亚种）

8. 银长臂猿或
爪哇长臂猿

中文名：银长臂猿或爪哇长臂猿
英文名：Moloch Gibbon
拉丁名：*Hylobates moloch*
ICUN 濒危等级：濒危
分布：印度尼西亚

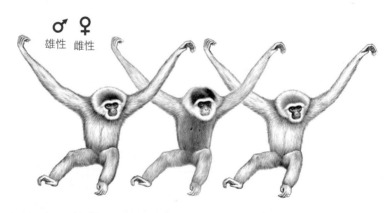

雄性 雌性

9. 穆氏长臂猿

中文名：穆氏长臂猿
英文名：Müller's Gibbon
拉丁名：*Hylobates muelleri*
ICUN 濒危等级：濒危
分布：印度尼西亚

♂ ♀
雄性 雌性

10. 西灰长臂猿

中文名：西灰长臂猿
英文名：Abbott's Gray Gibbon
拉丁名：*Hylobates abbotti*
ICUN 濒危等级：濒危
分布：印度尼西亚、马来西亚

♂ ♀
雄性 雌性

11. 北灰长臂猿

中文名：北灰长臂猿
英文名：Northern Gray Gibbon
拉丁名：*Hylobates funereus*
ICUN 濒危等级：濒危
分布：印度尼西亚、马来西亚、文莱

♂ ♀
雄性　雌性

12. 戴帽长臂猿

中文名：戴帽长臂猿
英文名：Pileated Gibbon
拉丁名：*Hylobates pileatus*
ICUN 濒危等级：濒危
分布：柬埔寨、老挝、泰国

♂
雄性

♀
雌性

13. 西黑冠长臂猿

中文名：西黑冠长臂猿
英文名：Western Black Crested Gibbon
拉丁名：*Nomascus concolor*
ICUN 濒危等级：极危
分布：中国、越南、老挝

♂
雄性

♀
雌性

（图为指名亚种）

14. 东黑冠长臂猿

中文名：东黑冠长臂猿
英文名：Eastern Black Crested Gibbon
拉丁名：*Nomascus nasutus*
ICUN 濒危等级：极危
分布：中国、越南

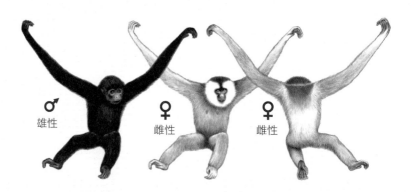

♂
雄性

♀
雌性

♀
雌性

15. 海南长臂猿

中文名：海南长臂猿
英文名：Hainan Gibbon
拉丁名：*Nomascus hainanus*
ICUN 濒危等级：极危
分布：中国

♂
雄性

♀
雌性

16. 北白颊长臂猿

中文名：北白颊长臂猿
英文名：Northern White-cheeked Gibbon
拉丁名：*Nomascus leucogenys*
ICUN 濒危等级：极危
分布：中国、老挝、越南

♂
雄性

♀
雌性

17. 南白颊长臂猿

中文名：南白颊长臂猿
英文名：Southern White-cheeked Gibbon
拉丁名：*Nomascus siki*
ICUN 濒危等级：极危
分布：老挝、越南

♂
雄性

♀
雌性

18. 北黄颊长臂猿

中文名：北黄颊长臂猿
英文名：Northern Yellow-cheeked Gibbon
拉丁名：*Nomascus annamensis*
ICUN 濒危等级：濒危
分布：柬埔寨、老挝、越南

♂
雄性

♀
雌性

19. 南黄颊长臂猿

中文名：南黄颊长臂猿
英文名：Southern Yellow-cheeked Gibbon
拉丁名：*Nomascus gabriellae*
ICUN 濒危等级：濒危
分布：柬埔寨、越南

♂
雄性

♀
雌性

20. 合趾猿

中文名：合趾猿
英文名：Siamang
拉丁名：*Symphalangus syndactylus*
ICUN 濒危等级：濒危
分布：泰国、马来西亚、印度尼西亚

♂ ♀
雄性 雌性

参考文献

References

[1] 陈辈乐，唐万玲，麦智锋，等.海南长臂猿绝处逢生的"雨林瑰宝"[J].森林与人类，2021(10):70-77.

[2] 陈升华，杨世彬，许涵，等.海南长臂猿的猿食植物及主要种群的结构特征 [J].广东林业科技，2009，25(6):45-51.

[3] 陈升华，杨世彬，许涵，等.海南长臂猿栖息地森林群落组成结构与多样性分析 [J].广西林业科学，2009，38(4):207-212.

[4] 邓怀庆，周江.海南长臂猿研究现状 [J].四川动物，2015，34(4):635-640.

[5] 杜瑞鹏，王静，张志东，等.基于果实类型的海南长臂猿食用树种适宜性分布预测 [J].生态学杂志，2022，41(1):142-149.

[6] 范朋飞.中国长臂猿科动物的分类和保护现状 [J].兽类学报，2012，32(3):248-258.

[7] 高罗佩.长臂猿考 [M].施晔，译.上海：中西书局，2015.

[8] 高耀亭，文焕然，何业恒.历史时期我国长臂猿分布的变迁 [J].动物学研究，1981(1):1-8.

[9] 管振华，阎璐，黄蓓.中国长臂猿科动物种群监测现状分析 [J].四川动物，2017，36(2):232-238.

[10] 广东省昆虫研究所动物室，中山大学生物系.海南岛的鸟兽 [M].北京：科学出版社，1983.

[11] 海南国家公园研究院.中国智慧 海南经验 霸王岭模式 [M].北京：中国友谊出版公司，2022.

[12] 李萍.海南长臂猿 林冠层的智慧监测 [J].森林与人类，2022(3):114-119.

[13] 林家怡，莫罗坚，庄雪影，等.海南黑冠长臂猿栖息地群落优势种及采食植物生态位特性 [J].华南农业大学学报，2006(4):52-57.

[14] 林家怡，莫罗坚，庄雪影，等.海南黑冠长臂猿主要摄食植物的区系分布多样性研究 [J].热带林业，2006(3):21-24，20.

[15] 刘咸.海南长臂猿的重新发现及其学名的鉴定 [J].动物学杂志，1978(4):26-28.

[16] 刘晓明，刘振河，陈静，等.海南长臂猿 (*H.concolor hainanus*) 家域利用及季节变化的研究 [J].中山大学学报论丛，1995(3):168-171.

[17] 刘振河，覃朝锋.海南长臂猿栖息地结构分析 [J].兽类学报，1990(3):163-169.

[18] 刘振河，余斯绵，袁喜才.海南长臂猿的资源现状 [J].野生动物，1984(6):1-4.

[19] 彭红元，张剑锋，江海声，等.海南岛海南长臂猿分布的变迁及成因 [J].四川动物，2008(4):671-675.

[20] 宿兵，Kressirer P，Monda K，等.中国黑冠长臂猿的遗传多样性及其分子系统学研究 —— 非损伤取样 DNA 序列分析 [J].中国科学 C 辑：生命科学，1996(5)：414-419.

[21] 唐玮璐，毕玉，金崑 . 海南热带雨林国家公园海南长臂猿食源植物组成 [J]. 野生动物学报，2021, 42(3):675-685.

[22] 唐玮璐，金崑 . 海南热带雨林国家公园海南长臂猿夜宿生境选择初步研究 [J]. 北京林业大学学报，2021, 43(2):113-126.

[23] 徐龙辉，刘振河 . 坝王岭上猿啸鸣 —— 海南长臂猿保护区考察报告 [J]. 野生动物，1984, (4): 60-62.

[24] 晏学飞，李玉春 . 海南黑冠长臂猿的生存与研究现状 [J]. 生物学通报，2007(12):18-20.

[25] 张亚平 . 长臂猿的 DNA 序列进化及其系统发育研究 [J]. 遗传学报，1997(3):231-237.

[26] 周江，陈辈乐，魏辅文 . 海南长臂猿的家族群相遇行为观察 [J]. 动物学研究，2008, 29(6):667-673.

[27] 周江 . 海南黑冠长臂猿的生态学及行为特征 [D]. 长春：东北师范大学，2008.

[28] 周运辉，张鹏 . 近五百年来长臂猿在中国的分布变迁 [J]. 兽类学报，2013, 33(3):258-266.

[29] 祝常悦，钟旭凯，王昱心，等 . 海南长臂猿的毛色变化 [J]. 兽类学报，2024, 44(1):1-13.

[30] Bryant J V, Gottelli D, Zeng X, et al. Assessing current genetic status of the Hainan gibbon using historical and demographic baselines: Implications for conservation management of species of extreme rarity[J]. Molecular Ecology Resources, 2016, 25(15): 3540-3556.

[31] Bryant J V, Zeng X, Hong X, et al. Spatiotemporal requirements of the Hainan gibbon: Does home range constrain recovery of the world's rarest ape? [J] American Journal of Primatology, 2017, 79(3): 1-13.

[32] Chan B P L, Lo Y F P, Hong X J, et al. First use of artificial canopy bridge by the world's most critically endangered primate the Hainan gibbon *Nomascus hainanus* [J]. Scientific Reports, 2020, 10(1): 15176.

[33] Deng H Q, Gao K, Zhou J. Non-specific alarm calls trigger mobbing behavior in Hainan gibbons (*Nomascus hainanus*)[J]. Scientific Reports, 2016, 6: 34471.

[34] Deng H Q, Zhou J, Yang Y W. Sound spectrum characteristics of songs of Hainan gibbon (*Nomascus hainanus*)[J]. International Journal of Primatology, 2014, 35: 547-556.

[35] Fellowes J R, Chan B P L, Zhou J, et al. Current status of the Hainan gibbon (*Nomascus hainanus*): Progress of population monitoring and other priority actions[J]. Asian Primates Journal, 2008, 1(1):2-11.

[36] Guo Y Q, Chang J, Han L,et al. The genetic status of the critically endangered Hainan gibbon

(*Nomascus hainanus*): A species moving toward extinction[J]. Frontiers in Genetics, 2020, 11: 608633.

[37] Guo Y Q, Peng D, Han L, et al. Mitochondrial DNA control region sequencing of the critically endangered Hainan gibbon (*Nomascus hainanus*) reveals two female origins and extremely low genetic diversity[J].Mitochondrial DNA Part B, 2021, 6(4), 1355–1359.

[38] Zhang M X, Fellowes J R, Jiang X L, et al. Degradation of tropical forest in Hainan, China, 1991—2008: Conservation implications for Hainan Gibbon (*Nomascus hainanus*)[J]. Biological Conservation, 2010, 143(6): 1397-1404.

[39] Zhou J, Wei F W, Li M, et al. Reproductive Characters and Mating Behaviour of Wild *Nomascus hainanus*[J]. International Journal of Primatology, 2008, 29(4): 1037-1046.